■ 作物常见缺素症状系列图谱

■ 全国农业技术推广服务中心
华 中 农 业 大 学　组织编写

小麦常见缺素症状图谱及矫正技术

鲁剑巍　李　荣　等　编著

中国农业出版社

内容提要

　　本书针对当前我国小麦生产中普遍存在的土壤养分缺乏这一影响到生产的问题，系统而又概括地介绍了小麦生长发育必需营养元素氮、磷、钾、钙、镁、硫、铁、锰、铜、锌、硼、钼和氯缺乏的原因、缺素症状及矫正施肥技术，特别精选72幅清晰度高、症状典型的小麦缺素症状图片，便于查看和对比，为小麦科学施肥提供指导。本书针对性强，实用价值高，操作性强，可供各级农业技术推广部门、肥料生产企业、土壤和肥料科研教学部门的科技人员、管理干部、肥料生产和经销人员、小麦种植大户阅读和参考。

序　言

　　肥料是作物的粮食，科学施肥是农业生产实践活动中最重要的内容之一。随着现代化农业的发展，肥料在农业增产和农民增收中的作用越来越大，国内外经验证明，作物增产的各项措施中施肥所起的作用在40％以上。为此，国家对科学施肥工作给予了前所未有的重视。从2005年开始，农业部在全国范围内组织开展了测土配方施肥行动，各级政府在政策和资金上给予了大力支持，全国的土壤肥料技术部门做了大量卓有成效的工作，加强了对广大农民科学施肥的指导，提高了肥料的利用率，降低了不合理施肥造成的污染和浪费，为农民节本增收和我国农业的可持续发展提供了技术保障。

　　为配合测土配方施肥项目的深入开展，满足广大用户对科学施肥技术的需求，全国农业技术推广服务中心与华中农业大学共同组织编写了《作物常见缺素症状系列图谱》丛书。该丛书针对我国农业生产实际，以主要的农作物为主，以图文并茂的形式，将农作物经常发生的缺素症状和矫正技术用浅显的语言、直观的图片进行描述，具有很强的可视性、可读性和针对性，特别适合广大农民和基层农技人员在实际生产中参考。

本套丛书是对测土配方施肥工作的有益补充，是我国科学施肥技术成果的具体体现。我相信，这套丛书的出版对普及科学施肥技术、提高广大农民的科学施肥水平、促进农业生产必将产生深远的影响。

2010 年 5 月 25 日

前 言

  养分是植物生长的基础，肥料是作物的粮食，科学合理施用肥料是农业生产活动中最重要的内容之一。随着现代化农业的发展，肥料在农业增产和农民增收中的作用越来越大，国内外经验证明，作物增产的各项措施中施肥所起的作用占40%～60%。由于耕地面积的刚性减少和人口持续增加的双重压力，为了解决人类生活的温饱问题并向小康和富裕迈进，单位面积的作物产量需要不断提高，高产作物从田地里就会不断地带走大量的养分，而由于农业生产中养分投入不足和施肥的不科学，加上科学研究和技术推广的滞后以及农业科技知识普及不力，目前我国农业生产中养分施用不平衡、比例失调及盲目施肥等现象仍时常发生，由此导致农作物产量和品质降低，施肥效益下降，耕地质量退化，农作物病虫害普遍发生，大量氮、磷流失造成农业面源污染加剧，部分地区生态环境恶化，严重制约着农业生产的持续发展。为此，国家对科学施肥工作给予了前所未有的重视，2005年起在全国范围内组织开展测土配方施肥工作，在政策和资金上对土壤肥料的科学研究和技术推广工作进行大力支持和投入，要求加强对农民合理施肥的指导，提高肥料利用率，降低污染，为农业生产的持续发展提供技术保障。这对推动我国科学施肥工作，促进农业科技进步，提高农业综合生产能力具有重大的意义。

  作物正常生长发育需要吸收各种必需营养元素，如果生长期间缺乏某种养分，往往会在形态上表现出某些特有的缺素症，这是由于营养的缺乏引起代谢紊乱所导致的不正常生育现象。从广义上讲，缺素症包括苗期的死苗、植株矮化、各生育阶段出现特殊叶片症状（大小、颜色、平展或皱缩等）、生育与成熟推迟、产量降低和品质低劣等等。每种症状均与该元素所涉及的某些生理功能有关，由于各元素生理功能不同，形成的形态症状也不同。例如，铁、镁、锰、锌、铜等直接、间接与叶绿素形成或光合作用有关，缺乏时一般都出现失绿；而如磷、硼等和糖的转运有关，缺乏时糖类容易在叶片中滞留，有利于花青素的形成而使茎叶带有紫红色泽；硼和开花结实有关，缺乏时花粉、花粉管发育受阻，不能正常受精，出现"花而不实"；而新组织如生长点萎缩、死亡，则与缺乏同细胞膜形成有关的元素钙、硼有关；畸形小叶——"小叶病"是因为缺锌导致生长素形成不足所致。同时，元素在植物体内移动性不同，症状出现的部位也就不同，容易移动的元素如氮、磷、钾、镁等，在植物体内呈现不足时，它们会从老组织移向新生组织，因而缺乏症最初总是在老组织上出现；相反，一些不易移动的元素如铁、硼、钙等的缺乏，则常常从新生组织开始。由此可见，作物的缺素症状是作物内部营养状况失调的外部反映，因此可以从作物外部形态上直观地检查出来，同时，它在一定程度上反映了土壤中某种养分的亏缺情况，能人为地诊断施肥。由于作物种类的差异和植物代谢过程的复杂性，不同生态区域的土壤养分状况及气候条件的差异，不同作物缺乏某种营养元素的外部症状不一定完全相同，因此对不同作物的缺素症状要分别了解和区别对待。在生产中，必须及早发现和防治营养失调所引起的生理病害，以使作物高产优质。科学施肥服务中开展的作物营养诊断技术，是以作物缺素的外部形态特征为基础，为科学施肥提供服务的一种方法，它是目前我国测土配方施肥工作的重要组成部分。需要指出的是，作物缺素的形态症状总是滞后于生长所受影响，况且作物遭受一定程度的缺素往往在形态上并不表现出症状，而产量已受到严重影响。所以，在生产实践中，应该结合土壤养分测试和肥料试验结果确定作物是否缺素，以弥补形态诊断的不足。尽管如此，了解和熟悉作物外部形态的变化，可作为提供作物施肥实践的重要依据。基于以上基本原理，世界各国土壤肥料工作者均非常重视作物营养缺乏的症状和相应矫正技术研究，并在生产中广泛应用。

然而，针对我国生产实际的不同作物常见缺素症状图谱仍然缺乏，市面上的一些材料大多是翻印国外图片，很多我国目前种植的作物缺素症状图谱难以寻觅，到目前为止，我们还缺少一套针对我国农业生产实际、以单个作物生产为主线、方便实用的作物缺素症状图谱。在上述背景下，为了更好地为测土配方施肥工作提供技术支撑，提高科学施肥技术到位率和应用率，在农业部有关部门的领导和支持下，全国农业技术推广服务中心和华中农业大学组织有关专家编写了《作物常见缺素症状系列图谱》丛书，丛书由中国农业出版社出版发行。

　　与以往一些类似的图书编排方法不同，为了更加突出实用性和系统性，本套丛书以作物为主线，作物类型包括主要粮食、油料、纤维、果树、蔬菜、烟、茶等。丛书第一个特点是每种主要作物单独成册，各册的主要内容包括相应常见缺素症状图、缺素症状说明和矫正施肥技术。第二个特点是精选的缺素症状图片症状典型、清晰度高，大部分图片是近年来测土配方施肥工作和有关科研项目的最新成果，直观性和时效性强。第三个特点是全书为彩色印刷，便于读者查看和对比，为田间作物科学施肥提供指导。本丛书的针对性强、实用价值高、可操作性强，适合各级农业推广部门、肥料生产企业、土壤和肥料科研教学部门及从事测土配方施肥技术推广的各级技术人员、肥料经销人员、农村合作组织和农业种植户阅读参考。也可作为相关大专院校教学的参考资料书。

　　丛书中的图片除大部分由编著者提供外，国内外其他学者也提供了不少精美图片，除极少数无法确认来源的图片外，在每幅图片下方均注明了提供者姓名，以示谢意。同时本丛书的文字说明及施肥技术部分吸收和借鉴了国内外其他学者及专家的有关著作和论文中的相关内容，由于篇幅所限不一一注明出处，在此谨致深深的谢意。

鲁剑巍

2010年3月8日

目 录

序言
前言

一、小麦生产概述

小麦种植区分布及其重要性

　　小麦原产地在西亚，是全世界分布范围最广、种植面积最大、产量最高的粮食作物之一，世界上约有40%的人以小麦为主食。小麦生产区主要分布在南纬45°（阿根廷）至北纬67°（挪威、芬兰）之间，尤以北半球最多，欧、亚大陆和北美洲的栽培面积占世界小麦总栽培面积的90%，印度、俄罗斯、中国和美国是小麦种植面积最大的4个国家。据统计，2009年世界小麦总收获面积33.8亿亩[①]，总产量6.8亿吨，其中中国的总产最高。

　　[①]亩为非法定计量单位，为方便阅读，本书仍采用亩作为面积单位，1亩 = 1/15公顷≈667米^2。

小麦是我国重要的商品粮食和战略性粮食储备品种，小麦生产直接关系到我国的粮食安全和小麦产区的农业增效与农民增收，在国民经济中占有重要的地位。我国是全球小麦产量和消费量最大的国家，小麦作为我国最重要的粮食作物之一，其种植面积占全国耕地总面积的22%～30%，占粮食作物种植总面积的20%～27%，仅次于水稻，居第二位。小麦按播种季节可分为冬小麦和春小麦两种，我国以冬小麦为主，冬小麦主产区为河南、山东、河北等省，春小麦主要分布在东北、西北及华北北部；根据小麦皮色不同可分为白皮小麦（简称白麦）和红皮小麦（简称红麦）；按籽粒质地分为硬质小麦和软质小麦。作为人口大国，小麦在我国主要作为加工面粉的原料，小麦粉富含面筋质，可以制作松软多孔、易于消化的馒头、面包、饼干和多种糕点，是食品工业的主要原料。小麦的副产品麦麸是优良的精饲料，还可以充当培养植物菌种的辅料。另外，小麦也是酿酒、饲料、医药、调味品等工业的主要原料。

小麦的营养特性

小麦是一种温带长日照植物，在其一生中需从土壤、空气和水中吸收许多营养元素，包括吸收量较多的大、中量元素如碳、氢、氧、氮、磷、钾、钙、镁、硫和吸收量很少的微量元素如铁、锰、铜、锌、硼、钼等。其中碳、氢、氧主要从空气和水中吸收，一般无需特别供给。氮、磷、钾除主要靠土壤供给外，仍需要通过施肥加以补充，小麦吸收氮（N）、磷（P_2O_5）、钾（K_2O）的比例为3∶1∶3。冬小麦返青前，由于植株生长缓慢，营养体较小，对氮、磷、钾的需求量较少，但因植株吸肥能力差，要求土壤供肥水平较高；返青以后至抽穗，营养生长与生殖生长并进，是小麦干物质快速积累的时期，代谢速度快，对氮、磷、钾的需求也增加。拔节、孕穗至开花期是冬小麦吸收三要素最多的时期，其吸收量分别占到总吸收量的54.9%、81.4%、89.6%。开花至成熟期对氮、磷、钾的吸收量普遍下降。春小麦对氮和钾的吸收高峰分别在拔节至孕穗和开花到乳熟期，吸收量分别占总吸收量的31%和28%左右。春小麦对磷的吸收与冬小麦不同，几乎60%的磷是集中在孕穗以后吸收。小麦虽然吸收锰、铜、锌、硼、钼等微量元素的绝对量少，但微量元素对小麦的生长发育却起着十分重要的作用。吸收的大致趋势是：越冬前较多，返青、拔节期吸收量缓慢上升，抽穗成熟期吸收量达最高，占整个生育期吸收量的43%左右。

小麦施肥中存在的问题

①肥料结构不合理，养分配比失衡。肥料投入结构不合理，重无机轻有机、重氮轻钾现象普遍。由于无机肥料的发展及推广、有机肥养分含量低的原因，有机肥施入量减少甚至基本不施，不仅影响无机肥作用的发挥，而且导致耕地质量下降，小麦品质差。氮、磷、钾比例不协调，

尿素、碳酸氢铵等一些纯氮肥使用量大，氮素供给过量，造成小麦叶片旺长，茎秆软弱，晚熟，易染病害等，严重制约了小麦产量的提高。另外，钾肥施用量低，许多地区缺钾明显。由于施肥结构不合理，造成肥料利用率低，资源浪费极大。

②施肥方法不当，浪费严重。肥料撒施、表施、浅施现象严重，造成挥发、流失或难以到达作物根部，作物难以吸收，导致肥料利用率低。过剩秸秆采用焚烧而非还田，既造成浪费又污染环境。

③中微量元素缺乏。微量元素是小麦生长发育不可缺少的，小麦缺少某种微量元素，轻则生长不良，重则严重减产。近几年，随着小麦生产的发展，不少地方的土壤出现微量元素缺乏现象，尤以缺锰、锌、硼等较重，小麦减产明显。

二、作物营养缺乏症状示意图

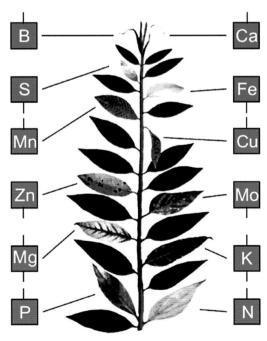

作物营养缺乏症状出现的部位示意图

　　症状首先出现在老叶上的养分有：氮、磷、钾、镁、锌、钼。

　　症状首先出现在新叶上的养分有：铜、硫、铁、锰。

　　症状出现在分生组织（顶端）的养分有：钙、硼。

三、小麦缺氮症状及
矫正技术

缺氮症状描述

缺氮小麦植株瘦小、直立，幼苗细弱。叶片短而窄且稍硬，叶色变淡，呈浅绿或黄绿，色泽均一，叶片由下

小麦缺氮植株　　　　　　　　　　（鲁剑巍　拍摄）

向上变黄，尖端干枯致死，且黄叶脱落提早。茎秆细瘦发红，分蘖少，穗数少，穗子小，成熟早。根发育不良，量少、细长，颜色发白，产量、品质下降。

幼苗期小麦缺氮症状　　　　　　　　　　（鲁剑巍　拍摄）

苗期小麦缺氮典型症状　　　　　　　　　（鲁剑巍　拍摄）

越冬期小麦缺氮景观 （鲁剑巍 拍摄）

分蘖前期小麦缺氮景观 （鲁剑巍 拍摄）

拔节期小麦缺氮典型症状 （鲁剑巍 拍摄）

抽穗期小麦缺氮症状 （鲁剑巍 拍摄）

成熟期小麦缺氮景观　　　　　　　　（鲁剑巍　拍摄）

分蘖中期小麦缺氮与施氮（右）比较　　　（鲁剑巍　拍摄）

缺氮发生原因

①砂质土保肥性差，土壤有机质贫乏，易出现缺氮症状。

②土壤氮素在湿润和半湿润地区易流失，土壤淹水亦会导致缺氮症状发生。

③小麦生产中未施氮肥做基肥或使用量不足，或忽视后期追肥等施肥不当会导致小麦缺氮。

缺氮矫正技术

①确定合理的氮肥施用量。按土壤供氮水平和目标产量确定氮肥用量，具体施氮量可以参考表1至表4。

②根据不同时期确定缺氮小麦的施肥量。小麦苗期缺氮，每亩可追施尿素10千克；返青期缺氮，可于返青期每亩追施尿素5千克，起身或拔节期再追施尿素15千克。

③施用充分腐熟的有机肥或堆肥，提倡有机无机相结合。

④发现缺氮症状时及时矫正。一般应及时喷施1.5%～2.0%的尿素水溶液2～3次，每次间隔7～10天。

表1　不同目标产量华北平原冬小麦氮肥基肥推荐用量

0~30厘米土壤$NO_3^- - N$（千克/亩）	冬小麦目标产量（千克/亩）			
	300	400	500	600
2	4.0	4.5	5.5	7.0
3	3.0	3.5	4.5	6.0
4	2.0	2.5	3.5	5.0
5	1.0	1.5	2.5	4.0
6	0	0.5	1.5	3.0
7	0	0	0.5	2.0
8	0	0	0	1.0

注：氮肥（N）用量单位为：千克/亩，指纯氮。

表2　不同目标产量华北平原冬小麦氮肥追肥推荐用量

0~30厘米土壤$NO_3^- - N$（千克/亩）	冬小麦目标产量（千克/亩）			
	300	400	500	600
2	7.0	9.0	11.0	13.0
3	6.0	8.0	10.0	12.0
4	5.0	7.0	9.0	11.0
5	4.0	6.0	8.0	10.0
6	3.0	5.0	7.0	9.0
7	2.0	4.0	6.0	8.0
8	1.0	3.0	5.0	7.0

注：氮肥（N）用量单位为：千克/亩，指纯氮。

表3　不同目标产量长江中下游冬小麦氮肥推荐用量

0～30厘米土壤$NO_3^- - N$（千克／亩）	冬小麦目标产量（千克／亩）		
	300	400	500
2	12.0	14.5	16.5
3	11.5	14.0	14.5
4	9.5	12.0	12.5
5	7.5	10.0	9.5
6	5.5	8.0	7.5
7	3.5	6.0	6.5
8	1.5	4.0	5.0

注：氮肥（N）用量单位为：千克／亩，指纯氮。

表4　不同目标产量西北旱作冬小麦氮肥推荐用量

0～100厘米土壤$NO_3^- - N$（千克／亩）	冬小麦目标产量（千克／亩）		
	200	300	400
3	8.0	12.0	不推荐达到此目标产量
5	5.5	10.0	12.0
7	4.0	5.0	10.0
8	2.5	3.0	8.0

注：氮肥（N）用量单位为：千克／亩，指纯氮。

四、小麦缺磷症状及矫正技术

缺磷症状描述

小麦缺磷时根系发育受抑制,出苗后延迟或不长次生根,植株矮瘦,生长迟缓。苗期叶色暗绿,叶尖发焦呈紫红色,叶鞘发紫,下部叶片暗无光泽,叶片无斑点且狭窄。不分蘖或少分蘖,穗小,穗上部的小花不孕或空粒,千粒重低,抽穗成熟延迟。

苗期小麦缺磷植株(鲁剑巍 拍摄)

小麦缺磷叶片典型症状 　　　　　　　（鲁剑巍　拍摄）

小麦缺磷植株典型症状 　　　　　　　（鲁剑巍　拍摄）

苗期小麦缺磷景观　　　　　　　　　　（鲁剑巍　拍摄）

分蘖期小麦缺磷症状　　　　　　　　　（鲁剑巍　拍摄）

越冬期小麦缺磷典型症状　　　　　　　　　（鲁剑巍　拍摄）

拔节期小麦缺磷景观　　　　　　　　　　（鲁剑巍　拍摄）

小麦缺磷与施磷（右）对比　　　　　　　　（佚名　拍摄）

缺磷发生原因

①土壤中有效磷含量低的土壤易缺磷。酸性、黏重的土壤，有效磷易被固定而造成缺磷症状的发生。

②与气候有关。当后期小麦遇低温天气将影响其对磷的吸收，土壤干旱时阻碍土壤溶液中磷的扩散，影响磷的有效性。

缺磷矫正技术

①合理确定磷肥施用量。按土壤供磷水平和目标产量确定磷肥用量，具体施磷量可参考表5至表7。

②磷肥多作基肥施用，中性、偏碱性土壤宜施过磷酸钙，酸性土壤宜施钙镁磷肥。

③苗期缺磷，每亩可追施过磷酸钙35～40千克；中后期缺磷，在孕穗扬花初期每亩用过磷酸钙1.5～2.0千克，或者用0.2%～0.3%磷酸二氢钾叶面喷施，每次间隔7～10天，连喷2～3次。

④合理施用有机肥，减少磷的固定。

表5　不同目标产量华北平原冬小麦磷肥推荐用量

土壤速效磷 （毫克/千克）	产量水平（千克/亩）			
	300	400	500	600
＜7	7.0	9.5	10.5	12.0
7～14	5.5	7.5	8.5	10.0
14～30	4.0	5.5	6.5	8.0
30～40	2.0	2.5	3.5	4.0
＞40	0	0	0	2.0

注：磷肥（P_2O_5）用量单位为：千克/亩，指纯磷。

表6　不同目标产量长江中下游小麦磷肥推荐用量

土壤速效磷 （毫克/千克）	产量水平（千克/亩）		
	300	400	500
＜5	8.0	9.5	10.5
5～10	6.0	7.0	8.0
10～20	4.0	4.5	5.5
20～30	2.0	2.5	2.5
＞30	0	0	0

注：磷肥（P_2O_5）用量单位为：千克/亩，指纯磷。

表7 不同目标产量西北旱作小麦磷肥推荐用量

土壤速效磷 （毫克/千克）	产量水平（千克/亩）		
	200	300	400
< 5	6.5	不推荐达到此目标产量	不推荐达到此目标产量
5~10	5.5	6.5	不推荐达到此目标产量
10~20	4.5	5.5	6.5
20~30	3.0	4.5	5.5
> 30	0	3.5	4.5

注：磷肥（P_2O_5）用量单位为：千克/亩，指纯磷。

五、小麦缺钾症状及
矫正技术

缺钾症状描述

　　缺钾小麦植株呈蓝绿色，生长不良，茎秆矮小易倒伏，叶软弱下披，上、中、下部叶片的叶尖及边缘枯黄，叶片无斑点，症状首先出现在老叶，老叶衰弱色暗绿，而后逐步变褐，叶脉仍呈绿色，火烧状。严重缺钾时整叶干枯。小麦叶片与茎节长度不成比例，较易遭受霜冻、干旱和病害，分蘖不规则，成穗少，籽粒不饱满。

苗期小麦缺钾植株（鲁剑巍　拍摄）

小麦缺钾叶片典型症状　　　　　　　　（鲁剑巍　拍摄）

小麦严重缺钾典型症状　　　　　　　　（鲁剑巍　拍摄）

分蘖期小麦严重缺钾景观　　　　　　　　　（鲁剑巍　拍摄）

抽穗期小麦缺钾症状　　　　　　　　　　　（鲁剑巍　拍摄）

蜡熟期小麦缺钾症状 （鲁剑巍 拍摄）

小麦施钾（左）与缺钾对比 （鲁剑巍 拍摄）

小麦施钾（左）与缺钾对比　　　　　　　（鲁剑巍　拍摄）

缺钾发生原因

①农田中土壤有效钾含量普遍偏低。随着高产作物的推广，收获时从土壤中带走了大量的钾同时又得不到及时的补给。

②一般红壤、黄壤土很易缺钾，现发现华北平原麦田也出现了缺钾情况，尤其是砂壤土较明显。

③氮肥施用比例高易导致小麦发生缺钾症状。

④土壤干湿交替使土壤中钾固定增加，使小麦发生缺钾症状。

缺钾矫正技术

①根据目标产量和土壤速效钾含量合理确定钾肥施用量，具体施钾量可参考表8至表10。

②与其他肥料合理配合施用。节制氮肥，控制氮钾比例。

③苗期缺钾，开沟适当追施化学钾肥或草木灰；后期缺钾，可叶面喷施0.2%～0.3%磷酸二氢钾水溶液，间隔7～10天，连喷2～3次。

表8 不同目标产量华北平原冬小麦钾肥推荐用量

土壤速效钾 （毫克/千克）	产量水平（千克/亩）	
	≤ 500	> 500
< 90	4.0	5.0
90～120	2.0	4.0
120～150	0	2.0
> 150	0	0

注：钾肥（K_2O）用量单位为：千克/亩，指纯钾。

表9 不同目标产量长江中下游冬小麦钾肥推荐用量

土壤速效钾 （毫克/千克）	产量水平（千克/亩）		
	300	400	500
< 50	5.5	8.0	10.5
50～100	4.0	6.0	8.0
100～130	2.5	4.0	5.5
130～160	1.5	2.0	2.5
> 160	0	0	0

注：钾肥（K_2O）用量单位为：千克/亩，指纯钾。

表10 不同目标产量西北旱作冬小麦钾肥推荐用量

土壤速效钾 （毫克／千克）	产量水平（千克／亩）	
	≤ 300	＞ 300
＜ 90	2.0	2.5
90～120	1.0	1.5
120～150	0	0.5
＞ 150	0	0

注：钾肥（K_2O）用量单位为：千克／亩，指纯钾。

六、小麦缺钙症状及矫正技术

缺钙症状描述

小麦缺钙，叶片呈灰色，心叶变白，幼叶往往不能展开，植株变矮或呈簇生状；严重缺钙时拔节期心叶枯萎；根短，分枝根增多，根尖死亡，根毛发育不良。

小麦缺钙植株
（王朝辉　拍摄）

小麦缺钙症状
（王朝辉　拍摄）

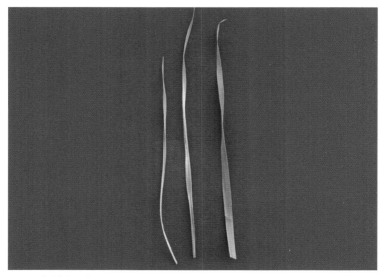

小麦缺钙叶（左及中）与正常叶对比　（王朝辉　拍摄）

小麦缺钙心叶典型症状 　　　　　　　　（鲁剑巍　拍摄）

分蘖期小麦缺钙典型症状 　　　　　　　（鲁剑巍　拍摄）

缺钙发生原因

①土壤有效钙含量低。有机质含量低的土壤常存在钙素不足问题。

②土壤盐分含量高，抑制了根系对水分和钙的吸收；土壤酸性强，影响了钙的有效性，也不利于小麦对钙的吸收。

③土壤干旱。土壤过于干旱使得土壤溶液浓度提高，减少了根系吸水，从而抑制钙的吸收；土壤耕作层浅、过砂，导致保水保肥能力差，引起钙的流失；土壤过黏，钙的活性差，不利于作物吸收。

拔节期小麦缺钙症状 （鲁剑巍 拍摄）

④施用钾肥过量。施用钾肥过多会阻碍小麦对钙的吸收，从而出现缺钙症状。

⑤在北方富含钙的石灰性土壤上，由于生理性缺钙也会发生缺钙症状。

缺钙矫正技术

①合理施用含钙肥料。酸性土壤缺钙应施用石灰，碱性土壤缺钙宜施用石膏。

②合理控制钾肥用量，以防钾过量阻碍钙的吸收。

③生长期间缺钙可用0.3%的氯化钙水溶液喷洒叶面。

④适时灌溉，保证充足水分防止诱发缺钙。

七、小麦缺镁症状及矫正技术

● 缺镁症状描述

　　小麦缺镁一般发生在回春转暖拔节前后，田间景观为"黄化"。主要症状为中下部叶脉间失绿，残留绿斑相连成串呈念珠状，对光观察尤为明显，这是小麦缺镁的特征性症状。缺镁症状首先出现在老叶上，逐渐发展到新叶，叶片变狭变薄，严重时叶缘卷曲，叶片下披，有时也发生坏死或枯萎；灌浆受阻，导致减产。

小麦缺镁叶片典型症状　（佚名　拍摄）

小麦缺镁症状 （王朝辉 拍摄）

拔节期小麦缺镁典型症状 （鲁剑巍 拍摄）

抽穗期小麦缺镁症状　　　　　　　　　　（鲁剑巍　拍摄）

抽穗期小麦严重缺镁叶片症状　　　　　　（鲁剑巍　拍摄）

缺镁发生原因

①有机质贫乏的酸性土壤上的小麦易发生缺镁症状。

②施肥不当。氮钾肥用量过高或镁肥种类选择不当均会出现缺镁症状。

缺镁矫正技术

①选择适当的镁肥种类。酸性土壤上宜选用碳酸镁和氧化镁，中性和碱性土壤上宜选用硫酸镁。

②控制氮钾肥用量。减少氮钾肥的用量，调节其比例。

③叶面喷施。当小麦生育期出现缺镁症状时用1%～2%的硫酸镁，连续喷施2～3次，间隔时间为7～10天。

八、小麦缺硫症状及
矫正技术

缺硫症状描述

小麦缺硫全株黄化，与缺氮症状极相似，但缺硫症状首先出现在新叶上，新叶比老叶症状重且不易枯干，发育延迟，严重缺硫时叶片出现褐色斑点。年幼分蘖趋向于直立。

小麦缺硫症状

（王朝辉　拍摄）

拔节期小麦缺硫症状 　　　　　　　　（鲁剑巍　拍摄）

拔节期小麦缺硫大田景观 　　　　　　（鲁剑巍　拍摄）

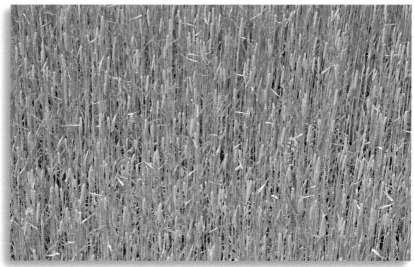

抽穗期小麦缺硫景观 （鲁剑巍 拍摄）

小麦缺硫（左）与施硫对比 （鲁剑巍 拍摄）

缺硫发生原因

①高产作物从土壤中带走了大量硫养分而又得不到及时的补充。

②选用肥料品种的偏好。近年来，选用无硫肥料所占比例增加，造成土壤所得到补充硫的数量减少。

③土壤从外围环境获得的硫养分减少。近年来，国家采取各种有效措施加强环境保护，实行节能减排，有效地减少了工业污染，大气中二氧化硫排放量逐年降低，酸雨数量逐步减少，大气硫沉降越来越少，减少了土壤硫的来源。

缺硫矫正技术

①选用含硫肥料，如过磷酸钙、石膏、硫酸钾镁肥等。硫肥一般作基肥可单独施用，也可和氮、磷、钾肥混合施用，结合耕地翻入土壤。

②如在作物生长过程中发现缺硫，可用硫酸铵、过硫酸钙、硫酸钾等速效性硫肥作追肥或叶面喷施。

九、小麦缺铁症状及矫正技术

缺铁症状描述

小麦生长期缺铁，新叶黄化，老叶仍保持绿色，叶脉间失绿，叶脉保持绿色，呈条纹花叶，越近心叶越重。严重时心叶不出，植株生长不良，矮缩，生育延迟，有的甚至不能抽穗。

小麦严重缺铁症状　　　　　（王朝辉　拍摄）

苗期小麦缺铁症状 （鲁剑巍 拍摄）

苗期小麦严重缺铁症状 （鲁剑巍 拍摄）

拔节期小麦缺铁症状 　　　　　　　　　　（鲁剑巍　拍摄）

小麦缺铁田间景观 　　　　　　　　　　　（鲁剑巍　拍摄）

缺铁发生原因

①土壤pH过高会降低铁的有效性，使小麦出现缺铁症状。缺铁一般发生在石灰性土壤上。

②土壤中磷、锰或锌含量过高可能引起缺铁；不合理施肥，尤其是磷肥施用过多也容易引起缺铁。

③砂质土壤有效铁含量低，作物吸收量不足。有机质含量过低的土壤，铁的有效性降低。

缺铁矫正技术

①调节土壤pH。在碱性土壤上宜选用酸性肥料，以降低土壤pH，提高铁的有效性。

②增施有机肥，提倡有机无机相结合。

③在小麦生长前期或发现植株缺铁时，用0.2%～0.3%的硫酸亚铁溶液叶面喷施，每7～10天1次，连喷2～3次。

十、小麦缺锰症状及
矫正技术

缺锰症状描述

　　小麦缺锰时，病斑发生在叶片中部，病叶干枯后使叶片卷曲或折断下垂，而叶前部基本完整。小麦对锰比较敏感，缺锰早期叶片出现灰白浸润斑，新叶脉间褪绿黄化，随后变褐坏死，形成与叶脉平行的长短不一的短线状褐色斑点，叶片变薄变阔，柔软萎垂，称"褐线萎黄症"。根系发育差，有的变黑死亡；植株生长缓慢，无分蘖或很少分蘖。由于缺锰，小麦光合产物减少，千粒重降低。

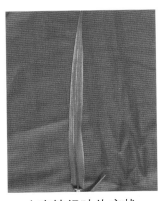

小麦缺锰叶片症状
（武际　拍摄）

小麦缺锰（左）与不缺锰植株比较 （王朝辉 拍摄）

苗期小麦缺锰症状 （鲁剑巍 拍摄）

小麦缺锰叶片典型症状　　　　　　　　　（佚名　拍摄）

小麦严重缺锰症状　　　　　　　　　　　（武际　拍摄）

缺锰发生原因

①高产麦田小麦带走锰元素较多而又得不到及时补充，锰较容易缺乏。

②一般石灰性土壤，尤其是质地轻、有机质含量少、通透性良好的土壤易缺锰。

缺锰矫正技术

①增施有机肥，提高土壤锰的有效性。

②锰肥一般作基肥，亩施硫酸锰1～2千克，结合耕地施入土壤中。

③在小麦苗期、拔节期、扬花期或植株出现缺锰症状时，用0.1%～0.2%的硫酸锰溶液叶面喷施，间隔7～10天，连续喷施数次。

十一、小麦缺铜症状及
矫正技术

● 缺铜症状描述

　　小麦对缺铜敏感，上位叶剑叶黄化、变薄、扭曲，披垂成顶端黄化病。老叶弯曲，叶尖枯萎呈螺旋或呈纸捻状卷曲枯死，这是缺铜所特有的症状。叶鞘下部现灰白斑，有时扩展成条纹，并易感染霉菌性病害，人称"白瘟病"。

小麦缺铜叶片症状（鲁剑巍　拍摄）

轻度缺铜，穗而不实称"直穗病"，黄熟期病株保绿不褪，田间呈现黄绿斑驳景观。严重缺铜时，穗发育畸形，芒退化，麦穗大小不一或不能抽穗。

小麦缺铜叶片症状 　　　　　　　（王朝辉　拍摄）

拔节期小麦严重缺铜症状 　　　　　　　（佚名　拍摄）

抽穗期小麦缺铜症状　　　　　　　　　　（佚名　拍摄）

成熟期小麦严重缺铜症状　　　　　　　　（佚名　拍摄）

缺铜发生原因

①缺铜主要发生在淋溶的酸性砂土、石灰性砂土和泥炭土中。

②氮磷肥的增加也会导致缺铜。

③酸性土壤可溶性铝的增加易使土壤缺铜。

缺铜矫正技术

①铜肥一般基施或叶片喷洒施。基施每亩 1 ~ 2 千克的硫酸铜。生长期发现缺铜时一般用 0.1% 的硫酸铜叶面喷施。

②控制氮磷肥用量。

③增施有机肥料。对于贫瘠的酸性土壤上发生的缺铜症，增施有机肥可提高土壤供铜能力。

十二、小麦缺锌症状及矫正技术

● 缺锌症状描述

小麦缺锌植株（鲁剑巍　拍摄）

小麦缺锌，苗期叶片失绿，心叶白化，中后期节间变短，植株矮小，出现小叶病，麦叶叶缘呈皱缩或扭曲状，叶脉两侧由绿变黄、发白，但边缘仍保持绿色，呈黄、白、绿三色相间的条纹带;根系生长受阻变黑，推迟抽穗扬花且不整齐，小穗小花松散，有效穗数显著减少，空秕粒多，千粒重低。

小麦幼苗缺锌症状　　　　　　　　　　（鲁剑巍　拍摄）

小麦缺锌症状　　　　　　　　　　（鲁剑巍　拍摄）

拔节期小麦严重缺锌症状　　　　　　　　（鲁剑巍　拍摄）

抽穗期小麦严重缺锌症状　　　　　　　　（鲁剑巍　拍摄）

缺锌发生原因

①与土壤条件有关。花岗岩发育的土壤锌含量较低，由于石灰性土壤的pH较高，降低了锌的有效性导致缺锌症的发生。另外，砂质土壤含锌盐少，而且容易流失。

②氮磷肥的过量施用导致营养失衡而诱导缺锌。

③施肥过于单一，部分地区很少或不施锌肥，土壤锌得不到补充。

缺锌矫正技术

①一般基施每亩1～2千克的硫酸锌。

②小麦缺锌，可在苗期、拔节期，每亩叶面喷施0.2%～0.3%的硫酸锌水溶液。

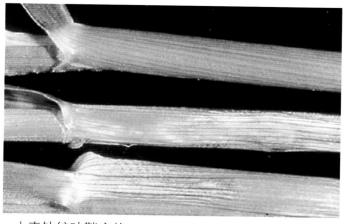

小麦缺锌叶鞘症状　　　　　　（佚名　拍摄）

十三、小麦缺硼症状及矫正技术

缺硼症状描述

小麦缺硼时植株矮小，上部新叶叶色暗绿或呈紫色，叶片变小，稍硬，顶芽枯死，叶梢会呈紫褐色。分蘖不正常，生育期推迟，有时边抽穗边分蘖，有时不抽穗或只开花不结实。小麦缺硼多发生在开花期，雄蕊发育不良，花丝不伸长，花药瘦小呈弯曲形，不能开裂授粉成空秕穗，穗上生出次级小穗，下部节位生出次生茎和根，后期叶有灰褐色霉斑。

小麦缺硼植株（王朝辉 拍摄）

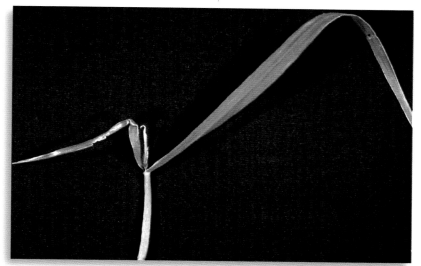

小麦严重缺硼顶端症状　　　　　　　　　　（佚名　拍摄）

小麦缺硼（右）与施硼比较　　　　　　　　（佚名　拍摄）

缺硼发生原因

①与成土母质有关。花岗岩及其他酸性火成岩等发育的土壤硼含量较低。

②与土壤条件有关。砂质土壤及pH过低土壤硼易流失，含有游离碳酸钙的石灰性土壤易缺硼。另外，土壤质地太粗或缺乏有机质也会导致缺硼。

③施肥不当。由于钾肥对硼有拮抗作用，过多施用钾肥会加重土壤缺硼。

④气候因素。环境条件过于寒冷、潮湿、干燥等均不利于硼素的释放。

缺硼矫正技术

①合理施用硼肥。作基肥时，亩施硼砂0.5千克。当生育期出现缺硼症状时用0.1%～0.2%的硼砂叶面喷施。

②合理施用钾肥，防止钾的拮抗作用。

③增施有机肥，有机无机配合施用。

④合理灌溉，防止过旱或潮湿。

十四、小麦缺钼症状及矫正技术

● 缺钼症状描述

首先发生在叶片的前部，叶色褪绿，接着在心叶下部的全展叶上，沿叶脉平行出现细小的、黄白色的斑点，并逐渐地连成线状、片状，最后使叶片的前部干枯，严重的整叶干枯。

小麦缺钼叶片症状　　　（鲁剑巍　拍摄）

小麦缺钼症状 （鲁剑巍　拍摄）

小麦严重缺钼症状 （鲁剑巍　拍摄）

缺钼发生原因

①与土壤母质有关。我国黄土高原及沿黄河的黄土沉淀物发育的土壤易缺钼。

②一般中性和石灰性土壤，尤其是质地较轻的砂性土有效钼含量低。

③施肥不当。土壤中的硫、活性铁、锰含量高时也会导致缺钼。

缺钼矫正技术

播种时每亩施钼酸铵50～60克与磷钾肥混合施用；当发现缺钼症状时，每亩用0.05%～0.10%的钼酸铵溶液叶面喷施，一周内喷2次即可。

小麦严重缺钼景观 　　　　　（鲁剑巍　拍摄）

十五、小麦缺氯症状及
矫正技术

⬤ 缺氯症状描述

　　小麦缺氯时生长不良，叶片失绿发黄，叶形变小，叶缘萎蔫，出现生理性叶斑病；根伸长强烈受阻，根细而短，侧根少，尖端凋萎。缺氯严重时导致根和茎部病害，全株萎蔫。产量下降。

小麦缺氯叶片症状　　　　（鲁剑巍　拍摄）

64

小麦缺氯症状 （鲁剑巍 拍摄）

小麦严重缺氯症状 （佚名 拍摄）

缺氯发生原因

地势高的酸性淋溶土含氯量低，一般土壤含氯少且干旱少雨的地方容易发生缺氯症状。

缺氯矫正技术

一旦发生缺氯症状施用人粪肥和含氯化肥，如氯化铵、氯化钾和氯化钙等，均可使症状消除。

十六、小麦施肥建议

1. 华北平原冬小麦

存在问题及施肥原则

针对华北平原冬小麦氮肥过量施用比较普遍，氮、磷、钾养分比例不平衡，肥料利用率低，一次性施肥面积较大，后期氮肥供应不足，硫、锌、硼等中微量元素缺乏现象时有发生，土壤耕层浅，保水保肥能力差等问题，提出以下施肥原则：

①依据测土配方施肥结果，适当调减氮肥用量。

②氮肥要分次施用，适当增加生育中后期的施用比例。

③依据土壤肥力条件，高效施用磷钾肥。

④增施有机肥，提倡有机无机相配合，加大秸秆还田力度，提高土壤保水保肥能力。

⑤重视硫、锌、硼等中微量元素的施用。

⑥肥料施用与高产优质栽培技术相结合。

施肥建议

①产量水平 600 千克/亩以上：氮肥（N）16～18 千克/亩，磷肥（P_2O_5）8～10 千克/亩，钾肥（K_2O）5～8 千克/亩。

②产量水平 500～600 千克/亩：氮肥（N）14～16 千克/亩，磷肥（P_2O_5）7～9 千克/亩，钾肥（K_2O）4～6 千克/亩。

③产量水平 400～500 千克/亩：氮肥（N）12～14 千克/亩，磷肥（P_2O_5）6～8 千克/亩，钾肥（K_2O）3～5 千克/亩。

④产量水平 300～400 千克/亩：氮肥（N）10～12 千克/亩，磷肥（P_2O_5）4～6 千克/亩，钾肥（K_2O）1～4 千克/亩。

⑤产量水平 300 千克/亩以下：氮肥（N）8～10 千克/亩，磷肥（P_2O_5）3～5 千克/亩，钾肥（K_2O）0～3 千克/亩。

在缺硫地区可基施硫磺 2 千克/亩左右，若使用其他含硫肥料，可酌减硫磺用量；在缺锌或缺锰地区可以基施硫酸锌或硫酸锰 1～2 千克/亩，缺硼地区可酌情基施硼砂 0.5～1.0 千克/亩。提倡结合"一喷三防"，在小麦灌浆期喷施微量元素叶面肥或用磷酸二氢钾 150～200 克加 0.5～1.0 千克的尿素兑水 50 千克进行叶面喷洒。

单产水平在 400 千克/亩以下时，氮肥作基肥、追肥的比例可各占一半。单产水平超过 500 千克/亩时，氮肥总量的1/3作为基肥施用，2/3作为追肥在拔节期、抽穗期、灌浆期施用。磷钾肥和中微量元素肥料全部做基肥施用。

若基肥施用了有机肥，可酌情减少化肥用量。

2. 长江中下游冬小麦

存在问题及施肥原则

针对长江流域冬小麦有机肥用量少，氮肥偏多且前期施用比例大，锌等微量元素缺乏时有发生等问题，提出以下施肥原则：

①增施有机肥，实施秸秆还田，有机无机相结合。

②适当减少氮肥用量，调整基、追比例，减少前期氮肥用量。

③缺磷土壤，应适当增施磷肥或稳施磷肥；有效磷丰富的土壤，适当降低磷肥用量。

④肥料施用与高产优质栽培技术相结合。

施肥建议

①产量水平500千克/亩以上：氮肥（N）14～16千克/亩，磷肥（P_2O_5）6～8千克/亩，钾肥（K_2O）5～8千克/亩。

②产量水平400～500千克/亩：氮肥（N）12～14千克/亩，磷肥（P_2O_5）4～6千克/亩，钾肥（K_2O）4～6千克/亩。

③产量水平300～400千克/亩：氮肥（N）10～13千克/亩，磷肥（P_2O_5）3～5千克/亩，钾肥（K_2O）3～5千克/亩。

④产量水平300千克/亩以下：氮肥（N）8～11千克/亩，磷肥（P_2O_5）3～5千克/亩，钾肥（K_2O）0～5千克/亩。

在缺硫地区可基施硫磺2千克/亩左右，若使用其他含硫肥料，可酌减硫磺用量；在缺锌或缺锰地区，根据情况基施硫酸锌或硫酸锰1～2千克/亩。提倡结合"一喷三防"，在小麦灌浆期喷施微量元素叶面肥或用磷酸二氢钾150～200克加0.5～1.0千克的尿素兑水50千克进行叶面喷施。

单产水平超过400千克/亩时，氮肥总量的40%作为基肥施用，40%作为拔节肥施用，20%作为孕穗肥施用。单产水平低于400千克/亩时，氮肥的50%作为基肥，50%作为拔节期追肥；弱筋小麦应加大基施氮肥比例至60%。磷钾肥和中微量元素肥料全部作基肥，提倡机械深施基肥。

3. 西北旱作冬小麦

● 存在问题及施肥原则

针对西北旱作雨养区土壤有机质含量低，冬小麦生长季节降水少，春季追肥难，有机肥施用不足等问题，提出以下施肥原则：

①依据土壤肥力和土壤贮水状况确定基肥；坚持有机培肥，适氮、稳磷、补微的施肥方针。

②增施有机肥，提倡有机无机配合和秸秆适量还田。

③氮肥以基肥为主，追肥为辅。

④注意锰和锌等微量元素肥料的配合施用。

⑤肥料施用应与节水高产栽培技术相结合。

施肥建议

①产量水平400千克/亩以上：施农家肥2～3米³/亩，氮肥（N）11～13千克/亩，磷肥（P_2O_5）6～8千克/亩，钾肥（K_2O）2～3千克/亩。

②产量水平300～400千克/亩：施农家肥2～3米³/亩，氮肥（N）9～11千克/亩，磷肥（P_2O_5）4～6千克/亩，钾肥（K_2O）1～3千克/亩。

③产量水平200～300千克/亩：施农家肥2～3米³/亩，氮肥（N）7～9千克/亩，磷肥（P_2O_5）3～5千克/亩，缺钾田块适量补钾（K_2O）1～2千克/亩。

④产量水平200千克/亩以下：施农家肥2～3米³/亩，氮肥（N）5～7千克/亩，磷肥（P_2O_5）3～5千克/亩。

在缺硫地区可基施硫磺2千克/亩左右，若使用其他含硫肥料，可酌减硫磺用量；在缺锌或缺锰的地区，根据情况基施硫酸锌或硫酸锰1～2千克/亩。提倡结合"一喷三防"，在小麦灌浆期喷施微量元素叶面肥或用磷酸二氢钾150～200克加0.5～1.0千克的尿素兑水50千克进行叶面喷洒。

有机肥、磷钾肥和中微量元素肥料作底肥一次施入，氮肥70%～80%作底肥，20%～30%作追施。基肥提倡机械深施；追肥要注意水肥耦合，在灌溉、降雨前进行。

附录 常见肥料及其养分含量

附表1 常见氮肥品种及养分含量

名　　称	分子式	N含量（％）
尿素	$CO(NH_2)_2$	46
硫酸铵	$(NH_4)_2SO_4$	20～21
氯化铵	NH_4Cl	24～25
碳酸氢铵	NH_4HCO_3	17
磷酸一铵	$NH_4H_2PO_4$	10～12
磷酸二铵	$(NH_4)_2HPO_4$	18
硝酸钾	KNO_3	13
硝酸铵	NH_4NO_3	34～35
硝酸钙	$Ca(NO_3)_2$	15～18
石灰氮	$CaCN_2$	20～22

附表2 常见磷肥品种及养分含量

名　　称	P_2O_5含量（％）	磷存在形态
普通过磷酸钙	12～20	水溶态
重过磷酸钙	42～50	水溶态
钙镁磷肥	12～20	枸溶态
磷矿粉	10～30	难溶态
磷酸二氢钾	52	水溶态
磷酸一铵	50～52	水溶态
磷酸二铵	46	水溶态

附表3 常见钾肥品种及养分含量

名　　称	分子式	K_2O含量（％）
硫酸钾	K_2SO_4	40～50
氯化钾	KCl	60
硝酸钾	KNO_3	46
磷酸二氢钾	KH_2PO_4	34
硫酸钾镁肥	$K_2SO_4 \cdot MgSO_4$	22

附表4 常见含钙肥料及养分含量

品　　　种	CaO含量（％）
生石灰（石灰岩烧制）	90～96
生石灰（牡蛎、蚌壳烧制）	50～53
生石灰（白云石烧制）	26～58
熟石灰（消石灰）	64～75
石灰石粉（石灰石粉碎而成）	45～56
生石膏（普通石膏）	26～32
熟石膏（雪花石膏）	35～38
磷石膏	20.8
普通过磷酸钙	16.5～28.0
重过磷酸钙	19.6～20.0
钙镁磷肥	25～30
钢渣磷肥	35～50
骨粉	26～27
氯化钙	47.3
硝酸钙	26.6～34.2
石灰氮	54

附表5 常见含镁肥料及养分含量

名　称	Mg含量（%）
氯化镁	12.0
硝酸镁	10.0
硫酸镁（泻盐）	9.6
硫酸镁（水镁矾）	17.4
硫酸钾镁（钾泻盐）	8.4
石灰石粉	4.2
生石灰（白云石烧制）	8.4
菱镁矿	27.0
光卤石	8.8
钙镁磷肥	8.7
钢渣磷肥（碱性炉渣）	2.3
钾镁肥	16.2
硅镁钾肥	9.0

附表6 常见含硫肥料及养分含量

名　称	S含量（%）
石膏	18.6
硫酸铵	24.2
硫酸钾	17.6
硫酸镁	13
硫酸钾镁	22
硫硝酸铵	12.1
普通过磷酸钙	13.9
青矾	11.5
硫磺	95～99

附表7　常见铁肥及养分含量

名　　称	Fe含量（%）	适宜施肥方式
硫酸亚铁	19	基肥、叶面追肥
三氯化铁	20.6	叶面追肥
硫酸亚铁铵	14	基肥、叶面追肥
尿素铁	9.3	叶面追肥
螯合铁	5～12	叶面追肥

附表8　常见锰肥及养分含量

名　　称	Mn含量（%）	适宜施肥方式
硫酸锰	31	基肥、叶面追肥
氧化锰	62	基肥
碳酸锰	43	基肥
氯化锰	27	基肥、叶面追肥
硫酸铵锰	26	基肥、叶面追肥
硝酸锰	21	叶面追肥
锰矿泥	9	基肥
含锰炉渣	1～2	基肥

附表9　常见铜肥及养分含量

品　　种	Cu含量（%）	适宜施肥方式
硫酸铜	25～35	基肥、叶面施肥
碱式硫酸铜	15～53	基肥、叶面追肥
氧化亚铜	89	基施
氧化铜	75	基施
含铜矿渣	0.3～1.0	基施

附表10　常见锌肥及养分含量

名　　　称	Zn含量（%）	适宜施肥方式
硫酸锌	20～23（七水）	基肥、叶面追肥
	35（一水）	基肥、叶面追肥
氧化锌	78～80	基肥、叶面追肥
氯化锌	46～48	基肥、叶面追肥
硝酸锌	21.5	基肥、叶面追肥
锌氮肥	13	基肥、叶面追肥
螯合锌	6～14	叶面追肥

附表11　常见硼肥及养分含量

名　　　称	B含量（%）	适宜施肥方式
硼砂	11.3	基施、叶面追施
硼酸	17.5	基施、叶面追施
硬硼钙石	10～16	基施
五硼酸钠	18～21	种肥、叶面追肥
硼钠钙石	9～10	基施

附表12　常见钼肥及养分含量

钼肥名称	Mo含量（%）	适宜施肥方式
钼酸铵	50～54	基肥、叶面追肥
钼酸钠	35～39	基肥、叶面追肥
三氧化钼	66	基肥
含钼废渣	10	基肥

图书在版编目（CIP）数据

小麦常见缺素症状图谱及矫正技术/鲁剑巍等编著
.—北京：中国农业出版社，2013.10
（作物常见缺素症状系列图谱）
ISBN 978-7-109-18402-2

Ⅰ．①小… Ⅱ．①鲁… Ⅲ．①小麦-植物营养缺乏症
-图谱 Ⅳ．①S435.121-64

中国版本图书馆CIP数据核字（2013）第231100号

中国农业出版社出版
（北京市朝阳区农展馆北路2号）
（邮政编码 100125）
责任编辑 贺志清

北京中科印刷有限公司印刷 新华书店北京发行所发行
2014年1月第1版 2014年1月北京第1次印刷

开本：889mm×1194mm 1/32 印张：2.75
字数：50千字 印数：1～5 000册
定价：14.00元
（凡本版图书出现印刷、装订错误，请向出版社发行部调换）